Die Fliegenplage
und ihre Bekämpfung

Von

Prof. Dr. J. Wilhelmi

Mitglied der Preußischen Landesanstalt für Wasser-,
Boden- und Lufthygiene (biol.-zool. Abt.)
in Berlin-Dahlem

1927

Dresden-A. 16
28   Verlagsanstalt Erich Oeleiter

ISBN 978-3-642-47323-4

ISBN 978-3-642-47788-1 (eBook)

DOI 10.1007/978-3-642-47788-1

Inhaltsverzeichnis

Einleitung

Haben wir nach dem Kriege als eine der wichtigsten Aufgaben zur Erhaltung und Erstarkung des deutschen Volkes die Förderung der Gesundheitspflege erkannt und in Angriff genommen, so sollten wir auch dabei den Kampf gegen gesundheitsschädliches Ungeziefer — und nicht zuletzt die Bekämpfung der Fliegenplage — mit einbeziehen. Gegen die Fliegenplage, so stark sie auch die Allgemeinheit trifft und so lange sie schon Abwehrmaßnahmen gezeitigt hat, ist bisher kein Kräutlein gewachsen. Alles Suchen danach war vergeblich und die Ernte nur unzulänglich wirkende Kräutlein. Aber den Boden, auf dem man diese Kräutlein züchten und zu vollwirksamen Wunderkräutlein weiterkultivieren kann, wollen wir verraten: Die Organisation. Auf diesem Boden, den das Gesetz pflügen und die Wissenschaft düngen muß, läßt sich mit den Jahren ein Kräutlein heranzüchten, um schließlich von jedem als etwas Unentbehrliches mit Verständnis gehegt und gepflegt zu werden. Dieses Verständnis zu wecken — und mehr darf auch nicht von dem durch den Reichsausschuß für hygienische Volksbelehrung für dieses Jahr zum ersten Male vorgesehenen „Fliegenfeldzug" erwartet werden —, soll auch das vorliegende Büchlein dienen, nämlich: Aufklärung geben über die Ursachen und die gesundheitliche Bedeutung der Fliegenplage, und die Wege zu ihrer Bekämpfung weisen.

I. Die Rolle der Fliegen im Haushalt der Natur und die Ursachen der Fliegenplage

Im Haushalt der Natur ist die Ernährung der vollentwickelten Fliegen — zoologisch als Vollkerfe oder Imagines bezeichnet — belanglos, selbst bei den sich durch Blutsaugen ernährenden Arten (Stechfliegen) oder auch bei den zu festsitzender (sessiler) parasitischer Lebensweise übergegangenen Arten (z. B. Lausfliegen). Denn die Fliege fällt in dem die Natur beherrschenden und regulierenden Kampf ums Dasein schnell ihren Feinden (vgl. II, 2 c) zum Opfer, meist bevor sie ihr höchstmögliches Alter erreicht hat. Meist hat sie dann aber immerhin bereits ihren Zweck — die Erhaltung der Art — durch Fortpflanzung erfüllt.

Im umgekehrten Verhältnis zur Rolle der Vollkerfe steht die der Fliegenbrut. Entwickelt sich doch die Brut durchweg in faulenden bzw. fäulnisfähigen organischen Stoffen und wandelt also in ihrem Wachstum diese tote Substanz durch sog. Inkarnation in lebendes Fleisch um. So werden also durch die Brut der häufigsten Fliegenarten (Stubenfliege, Stechfliege u. a.) die Verdauungsprodukte größerer, meist warmblütiger Tiere aufgezehrt und durch die Brut anderer Fliegen (Fleisch- und Fettfliegen) Tierkadaver in Wald und Feld großenteils beseitigt. Linnés Worte, daß drei Schmeißfliegen mit einem Pferdekadaver eher als ein Löwe fertig werden, hat etwas Wahres an sich. Bedingt das Werden und Vergehen der Lebewesen (durch progressive und regressive Metamorphose der organischen Substanz) die ganze Gleichgewichtsregulierung der Natur, so sehen wir also gerade in der Rolle der Fliegen ein schönes Beispiel für den Stoffkreislauf, insbesondere bezüglich der natürlichen Verunreinigung und Selbstreinigung des Bodens.

Erst die mit Beginn der Siedlung einsetzende menschliche Kultur hat dieses Gleichgewicht der Natur gestört. Einerseits bieten

die Wohnräume des Menschen vielen Fliegenarten Nahrung,
Wärme, Schutz vor Wind und Wetter und — nicht zuletzt —
Schutz vor Feinden, unter denen der Mensch von jeher zu den
harmlosesten zählte; Ähnliches gilt auch bezüglich der Stallungen,
insbesondere für die in der Ernährung auf Blutsaugen angewiese-
nen Stechfliegen. Noch weit günstiger wirken sich für die Fliegen
die Brutstätten aus, die ihnen der Mensch in der unmittelbaren
Umgebung seiner Wohnungen schafft, und zwar durch die Häu-
fung der Abgänge, insbesondere der tierischen Exkremente bei den
Viehhaltungen (Misthaufen), und der Abfallstoffe (Müll). Gerade
diese Brutherde, die optimalen Ernährungsbedingungen, wie sie
die Natur nicht bieten kann, sind im Gegensatz zu den zerstreuten,
kleineren Brutstätten der Natur weniger dem Zutritt der Feinde
der Brut (II, c) oder dem schnellen Austrocknen und anderen
regulierenden Naturkräften ausgesetzt. So müssen wir also in dem
durch die Kultur bedingten Eingriff des Menschen in das natür-
liche Gleichgewicht — wie so oft bei Schädlingsplagen — die
eigentliche Ursache der Fliegenplage feststellen. Oder, anders ge-
sagt, die menschliche Kultur ist unvollkommen, solange sie nicht
ihre eigenen Schadwirkungen erkennt und behebt. Erkennung und
Behebung solcher Schadwirkungen, die, wie im vorliegenden Fall,
gesundheitliche Bedeutung haben, ist Aufgabe der Hygiene, die als
synthetische Wissenschaft dabei in erster Linie auf die hygienische
Zoologie angewiesen ist.

II. Die in hygienischer Hinsicht wichtigen Fliegenarten

1. Systematisch-Zoologisches

Die gebräuchliche Unterscheidung zwischen „Fliegen" und
„Mücken" als Hauptgruppen der „Zweiflügler" (Dipteren) deckt
sich nicht ganz mit der, wie folgt, für den näher Interessierten
dargelegten zoologisch-systematischen Unterscheidung.

Unter den orthorhaphen Dipteren unterscheidet die
systematische Zoologie Nematoceren und Brachyceren, deren
größere Menge aus den gemeinhin als „Mücken" bezeichneten
Arten besteht. Die cyclorhaphen Dipteren sind die durchweg als „Fliegen" bezeichneten Arten, zu denen praktisch aber
auch manche zu den Brachyceren gehörige Dipteren (Taba-

niben) gerechnet werden, wie aus dem folgenden Schema er=
sichtlich ist.

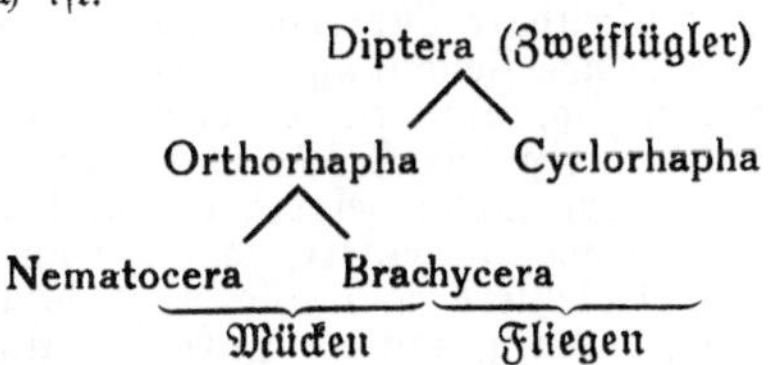

Von wichtigeren Fliegenfamilien der Cyclo=
rhaphen sind zu nennen die Schwebefliegen Syrphidae, Syr=
phus, Erystalis tenax (deren in fauligen Wässern vorkom=
mende Larve als Rattenschwanzlarve bekannt ist), die Bies=
fliegen (Oestridae), die Bohrfliegen (Trypetidae, Tr. ce=
rasi, Kirschfliege), Halmfliegen (Chloropidae), die Lausflie=
gen (Pupiparae) und die echten Fliegen (Muscidae).
     Von den Unterfamilien der Musciden sind hervorzuheben
Calliphorinen, Sarcophaginen, Hypoderminen und Musci=
nen, insbesondere unter letzteren die gewöhnliche Stuben=
fliege (Musca domestica L.), die kleine Stuben= oder Hunds=
tagsfliege (Fannia canicularis L.), die gewöhnliche Stech=
fliege (Stomoxys calcitrans L.), sowie die kleine Stechfliege
(Lyperosia irritans L.); zu den Stomoxyinen auch die
tropischen Glossina=Arten.

Unter den erwähnten Familien, Unterfamilien, Gattungen, die
tausende Fliegenarten umfassen, interessieren uns hier die „Flie=
gen im engeren Sinne" (Musciden), und zwar besonders die
gewöhnliche Stubenfliege (Musca domestica L.) und
die gemeine Stechfliege (Stomoxys calcitrans L.)
(vgl. Tafel)[1], neben denen noch die sog. kleine Stuben= oder
Hundstagsfliege (Fannia canicularis und andere Arten) und
die kleine Stechfliege (Lyperosia irritans) zu nennen sind.

----

[1]) Die vom Verfasser bearbeitete und von der Deutschen Gesell=
schaft für angewandte Entomologie herausgegebene Tafel ist bei
den Lehrmittelwerkstätten P. Räth, Leipzig, Sidonienstr. 26, in
großem Format (68×98 cm) und farbiger Ausführung in ver=
schiedener Ausstattung von 3.50 RM. an zu beziehen.

In morphologischer Hinsicht weisen die Imagines (Vollkerfe) von M. domestica und Fannia=Arten als rein äußerliche, leicht feststellbare Merkmale außer den Größen=unterschieden abweichende Zeichnung des Tergums, hier vier=streifig, dort dreistreifig, auf. St. calcitrans und M. do=mestica haben etwa die gleiche Rückenzeichnung, erstere und Lyperosia haben jedoch stärker gespreizte Flügel und stärker behaartes Abdominalende als letztere, dazu den nach vorn ge=richteten Saugrüssel, letztere und alle nicht blutsaugenden Musciden den nach unten gerichteten Leckrüssel. An Wänden, in geschlossenen Räumen (Stallungen) oder an windgeschützten Stellen sitzt St. calcitrans stets mit dem Kopf nach oben gerichtet, M. domestica und andere nichtstechende Musciden mit dem Kopf nach unten gerichtet. Männliche und weibliche Muscidenimagines unterscheiden sich grobsinnlich leicht an den eng beieinander bzw. weit auseinander liegenden Augen.

Weiter sind besonders die meist als „Brummer" bezeichneten großen blauen Fliegen (M. vomitoria) und verwandte Arten (M. caesarea) u. a., ferner Fleischfliegen (Sarcophaga=Arten), sowie die besonders im Herbst in den Wohnungen sich an den Fenstern aufhaltenden schwerfälligen grauen Fliegen (Pollenia rudis und andere Arten), die in fettem Fleisch (Schinken) und Käse sich entwickelnden Fettfliegen (Piophiliden) und schließlich die sich an Obst, Marmelade und Wein aufhaltenden Tau=fliegen (Drosophiliden) zu erwähnen, von deren näherer Beschrei=bung hier jedoch abgesehen werden muß.

2. Die Entwicklung der Fliegen und ihre Standorte

a) Vermehrung und Entwicklung

Die Entwicklung der Musciden (vgl. Tafel) ist eine voll=ständige (holometabole), Ei=, Larven=, Puppen= und Vollkerf=Stadium umfassende. Ihr Verlauf vom Ei bis zur fertigen Fliege (Imago oder Vollkerf) kann sich unter optimalen Ernäh=rungs=, Feuchtigkeits= und Wärmeverhältnissen in einer knappen Woche vollziehen, dauert aber in unserem Klima, selbst im Hoch=sommer, meist länger, im Frühjahr und Herbst 2 bis 4 Wochen. Die Eier sind gelblichweiß, 1—1,2 mm lang (bei M. domestica und St. calcitrans), werden in einem Paket oder in mehreren Paketen bis zu 200 auf einmal abgelegt. Aus ihnen schlüpft die Larve (Made) meist innerhalb 24 Stunden aus (Fleischfliegen,

10

Sarcophagiden, jedoch lebendig gebärend). Mehrmalige Eiablage
während der meist mehrmonatigen Lebensdauer der Weibchen;
in warmen Stallungen geht die Eiablage den Winter über
weiter. Die 3 Stadien durchmachenden Larven bestehen aus
11 Segmenten, die mit Kriechwülsten versehen sind, verhalten
sich, ohne Augen zu besitzen, lichtabwendig (negativ heliotrop);
am Hinterende 2 nach ihrer Lage charakteristische Atemstigmen,
von denen die Haupttracheen ausgehen; Dauer des Larven-
stadiums im Hochsommer etwa 6 Tage. Aus den rotbraunen,
nachdunkelnden Tönnchenpuppen, mit artcharakteristischen
Vorder- und Hinterenden, schlüpfen — durch Sprengung des
Vorderendes mittels der Stirnblase — die zunächst hellgrau
gefärbten Imagines (im Hochsommer nach wenigen Tagen) aus,
straffen die Flügel durch Aufpumpung (¼ Stunde) und dunkeln
schnell nach (Ausfärbung).

b) Die Brutherde der Fliegen

Die genannten Arten haben fast durchweg gemeinsam, daß sie
sich im Kot, insbesondere im Mist entwickeln, zum Teil auch in
anderen faulenden Abfallstoffen, z. B. in Müllkästen und auf
Müllplätzen. Gegenüber einzelnen Kotablagen, in denen die
Fliegenbrut durch Vertrocknen, Raubinsekten, Vögel und andere
Feinde leicht zugrunde gehen, werden die Mist- und Abfallstoff-
anhäufungen zur Eiablage bevorzugt. Regelmäßig, wenigstens
einwöchig entmistete Stallungen sind praktisch frei von Fliegenbrut. Auch die Aborte auf dem Land und in den Laubenkolonien
sind namhafte Brutorte der Stuben- und Stechfliege. Einige
Arten, wie Calliphora, Phormia, die lebendiggebärenden Fleischfliegen (Sarcophagiden) u. a., sind als Larven an Fleisch und Fett
gebunden; spezifisch für Fett, geräucherten Fisch und Kadaver und
Käse sind die Piophila-Arten, deren Larven leicht an ihrer gelegentlich springenden Bewegung erkenntlich sind.

c) Die Lebensweise der Fliegen-Vollkerfe

Die gewöhnliche Stubenfliege (M. domestica) und die gemeine
Stechfliege (Stom. calcitrans) scheinen überall auf der Erde
vorzukommen, also sogenannte Kosmopoliten zu sein, wenn auch
bezüglich der letztgenannten Art der Nachweis noch nicht für
alle Gegenden erbracht ist. Sie haben ihr Temperaturoptimum
bei etwa + 20 bis + 30° C, werden im allgemeinen bei weniger
als + 12° C im Freien nicht mehr fliegend angetroffen und sind

schon bei Temperaturen unter $+9^0$ C nicht mehr flugfähig —
Eigenschaften, die bei der Verdächtigung der Fliegen als Über=
träger auch im Winter auftretender infektiöser Krankheiten
meist nicht genügend berücksichtigt werden. Im allgemeinen und
besonders auf Reiz hin lichtwendig (positiv phototaktisch), werden
sie doch, wenn sie gesättigt sind, in gewissem Maße lichtabwendig
(negativ phototaktisch). Da sie, wie alle großäugigen Zweiflügler,
bei stärkerer Dunkelheit (im Gegensatz zu den kleinäugigen Dip=
teren, z. B. den Stechmücken) nicht sehen können, sind sie in
diesem Falle auch flugunfähig (vgl. Fernhaltungsmaßnahmen
III, 2, a). Vorliebe für Wärme (Thermophilie) kommt, je mehr
die Temperatur unterhalb des Optimums liegt, um so deutlicher
zum Ausdruck, z. B. im Herbst (Aufsuchen der warmen Kaffee=
kanne, der Küchenherd= oder Ofennähe usw. durch die Stuben=
fliege). Wie die meisten Insekten sind die Fliegen windscheu. In
geschlossenen zugfreien Räumen sitzt die Stubenfliege an ver=
tikalen Flächen immer mit dem Kopf nach unten, die Stechfliege
mit dem Kopf nach oben gerichtet. Bei Wind im Freien stellen
sich alle Fliegen, sowohl im Freiflug als auch beim Sitzen, mit
der Körperlängsachse in die Windrichtung — den Kopf voran
gegen den Wind — ein. Wenn auch die Flugfähigkeit der Fliegen
an und für sich nicht gering ist, so dürfte doch der passive Trans=
port der Fliegen (mit Vieh usw.) für ihre Verbreitung von
größerer Bedeutung sein. Die Stubenfliege nimmt als Nahrung
alles Verdauliche (polyphag), insbesondere menschliche Nahrung
jeder Art. Die Stechfliege ist ohne Blutsaugen nicht längere Zeit
zu halten. Bezüglich des Verhaltens zu Licht, Wärme, Wind gilt
etwa das gleiche wie für die Stubenfliege angegeben wurde; ihre
Lebensfähigkeit in kühler, feuchter Luft ohne Nahrung beträgt
etwa 10 Tage.

Unter den Fliegen im engeren Sinne haben wir bezüglich der
Vollkerfe (Imagines) wohnungs= bzw. stalliebende (diäto= bzw.
stathmophile) und wohnungs= bzw. stallfremde (diäto= bzw. stath=
moxene) Arten zu unterscheiden. M. domestica ist ausgesprochen
wohnungsliebend, kann in Stallungen massenhaft vorkommen,
fehlt aber z. B. in Rinderstallungen bei Trockenfütterung fast
ganz. Die kleine Stubenfliege Fannia ist weit weniger ausge=
sprochen wohnungs= und stalliebend als M. domestica. Woh=
nungs= und stallfremd sind Calliphora, M. caesarea, Sarco=
phaga, Pollenia, letztere nur zur Überwinterung häufiger in
Wohnungen und Stallungen eindringend. Die Stechfliege St.

12

calcitrans ist wiederum ausgesprochen stalliebend und wohnungs=
fremd, die kleine Stechfliege Lyperosia ausgesprochen stall= und
wohnungsfremd.

Die Überwinterung der Fliegen ist noch nicht genügend
sichergestellt. Für jede Art scheint die Möglichkeit zu imaginaler
wie zu prämimaginaler Überwinterung (also in jedem Entwick=
lungsstadium) zu bestehen, doch erfolgt die Überwinterung durch=
weg in verhältnismäßig geringen Mengen (vgl. Winterfliege,
Abschnitt III, 3, b), so daß selbst bei optimalen Ernährungs=,
Vermehrungs=, und Entwicklungsbedingungen in unserem Klima
erst im Hochsommer Massenauftreten von Fliegen einzusetzen und
bis zum Spätherbst abzuflauen pflegt. Mobile und immobile
(Starrezustands=) Imaginalüberwinterung scheint bei ein und
derselben Art nicht vorzukommen; letztere Überwinterungsweise
scheint für Pollenia (s. o.) charakteristisch zu sein.

Feinde der Fliegenvollkerfe sind Raubkäfer, Grab= und
Zehrwespen und Raubfliegen (Asiliiden) sowie Vögel (Schwalben
und andere Insektenfresser). Inwieweit die auf Fliegen vorkom=
menden Milben (Holostaspis) ihnen schaden, steht nicht fest.
Gegen Herbst erliegt eine große Menge der Stubenfliegen der
sogenannten Herbstseuche, welche durch eine zu den Entomo=
phthoreen gehörige Pilzart (Empusa) verursacht wird; Feinde der
Larven und Puppen sind Hühner und Stare, die in den älteren
Stadien räuberisch lebenden Larven der Fliege Hydrotaea den-
tipes, Staphyliniden und andere Raubkäfer.

d) Die hygienische Bedeutung der Fliegen

Bei den gesundheitlichen Schadwirkungen der
Fliegen muß man als einfachste Form zunächst das Auftreten
in Wohnungen und Stallungen, die Belästigung (Ruhestörung)
des Menschen und der Nutztiere erwähnen; hier spielen in Woh=
nungen M. domestica, Fannia, seltener Muscina (Cyrtoneura),
Pollenia und Calliphorinen, bei Nachbarschaft von Stallungen
auch St. calcitrans, gelegentlich durch Massenauftreten die
kleinen Halmfliegen (Chloropiden) eine Rolle. Die Verschmutzung
von Gegenständen und Speisen durch die Abgänge von Fliegen
ist nicht nur unästhetisch, sondern auch unhygienisch, da manche
krankheitserregende Bakterien den Fliegendarm, ohne ihre krank=
heitserregenden Eigenschaften (Virulenz) einzubüßen, passieren.
Dabei ist zu berücksichtigen, daß die Fliegen in Wohnräumen gern
Flüssigkeiten (Nachtgeschirr, Eimer, Zapfhähne der Wasserleitung)

aufsuchen. So besteht offensichtlich eine Korrelation zwischen den
an Fliegen und den an den sogenannten Zapfhahnbärten vor=
kommenden Organismen. Besondere Bedeutung kommt den Flie=
gen in Krankenzimmern und vor allem in ländlichen Verhält=
nissen — bei Fehlen der Kanalisation — zu. Bei der Verbreitung
der Erreger ansteckender Krankheiten der Verdauungsorgane —
insbesondere Ruhr und Typhus — können daher die Fliegen eine
größere Rolle spielen. Auch bei anderen ansteckenden Krankheiten
können sie Überträger der Krankheitserreger sein. Je enger die
Beziehungen zwischen den Fliegen und Menschen bzw. Haustieren
sind, um so mehr liegt die Möglichkeit der Verschleppung pathoge=
ner Keime vor. Die exakten Nachweise für die Kontaktüber=
tragung bazillärer Infektionskrankheiten sind freilich noch ziem=
lich spärlich. Interessant erscheint andererseits bezüglich der
Übertragung von Infektionskrankheiten mit filtrierbarem Virus
der neuerdings für die Maul= und Klauenseuche geführte Nach=
weis, daß der Kontaktübertragung durch Fliegen keine grund=
sätzliche Bedeutung für die Ausbreitung der Seuche zukommt,
daß vielmehr die Tenazität des an den Fliegen haftenden Virus
gering und die an einzelnen Fliegen haftenden Mengen des
Virus, namentlich nach Verstreichen eines gewissen Zeitraumes,
zur Übertragung der Seuche nicht ausreichen. Etwa das gleiche
gilt auch für die Saugaktsübertragung des Virus durch Stech=
fliegen (Stomoxys). Der Übertragung von protozoischen Krank=
heitserregern durch stechende Musciden scheint in unserem Klima
keine größere Bedeutung zuzukommen (tropische Tsetsekrankheit
u. a. durch Glossinen). Der Saugakt der Fliegen (Stomoxys,
Lyperosia, Tabaniden) selbst stellt aber durch die ständige Be=
unruhigung und die Blutentziehung immerhin in gewissem Maße
eine Gesundheitsschädigung dar. Zu nennen ist schließlich ge=
legentlicher Hautparasitismus in Wunden des Viehs durch Mus=
cidenlarven (Sarcophaga u.a.), das Vorkommen von Fliegen=
larven bei Hautkrebs u. a. m. (Wilhelmi 1917, [1]; Martini 1923, [2];
v. Schuckmann 1926, [1]).

III. Die Bekämpfung der Fliegenplage
I. Organisation
a) Gesetzliche Grundlagen
Bezüglich der Möglichkeit, auf gesetzlicher Grundlage die Flie=
genbekämpfung durchzuführen, galt die Polizei bisher als nicht

14

zuständig (Wilhelmi 1923,₄), von sich aus Verfügungen und
Verordnungen zu erlassen. Die Befugnisse der Polizei sind einerseits bezüglich Bekämpfung übertragbarer Krankheiten, bei denen
auch die Fliegen eine Rolle spielen können, durch das Reichs-
gesetz vom 30. Juni 1900 (RGBl. I. Seite 306) und das Preu-
ßische Gesetz vom 28. August 1905 (GS. Seite 373) erschöpfend
geregelt, indem die Polizei wohl auf Grund ihrer durch die
Gesetze gegebenen Befugnisse, nicht aber aus eigener Vollmacht
einschreiten kann. Im übrigen galt auf Grund des Allgemeinen
Landrechts (§ 10 II. 17) und des Polizeigesetzes vom 11. März
1850 und der bei F r i e d r i c h s (C. Heymanns Verlag) Seite 148
angezogenen Entscheidungen des Kammergerichts und des O.B.G.
die Auffassung, daß die Fliegenplage und der Fliegenstich keine
der Allgemeinheit drohende Gefahr bzw. keine Gesundheitsschädigung, sondern nur eine Belästigung bedeute und daß somit die
Polizei nicht die Befugnis zum Einschreiten habe. Neuerdings hat
sich diese Auffassung von dem Begriff der Gefahr etwas ge-
ändert, so daß die Polizei zum Einschreiten bei Fliegen- und
Mückenbelästigung wie überhaupt bei Plagen, die durch Gesundheitsschädlinge (Ungeziefer) bedingt sind, wohl befugt erscheint.
Es soll hierauf hier nicht weiter eingegangen werden, zumal, da
die rechtliche Frage in dem Stechmückenbüchlein des Verfassers
(Verlagsanstalt Deleiter, Dresden-A. 1) eingehend behandelt worden ist und bereits zu polizeilichem Einschreiten gegen die Stech-
mückenplage geführt hat.

Wenn ich eingangs betonte, daß der Schwerpunkt der Bekämpfung der Fliegenplage in der Organisation liegt, so ist damit zugleich die Auffassung begründet, daß nur die strenge und all-
gemeine Durchführung der Bekämpfungsmaßnahmen den Erfolg
verbürgt. Dabei wird es ohne gesetzlichen Zwang nicht abgehen.
Ist aber der Boden durch die Aufklärungsarbeit vorbereitet, so
werden alle verständigen Menschen in den Vorschriften keinen
drückenden Zwang, sondern eine eher selbstverständliche Sauber-
keitsregel sehen. Der Weg geht also von der Aufklärungspropa-
ganda aus zur freiwilligen Durchführung von Maßnahmen, zu
denen die Müßigen durch polizeiliche Verfügungen bzw. Verordnungen angehalten werden. Die polizeilichen Vorschriften müssen
schließlich ihre gemeinsame Basis in einem die Bekämpfung der
wirtschaftlichen und gesundheitlichen Schädlinge betreffenden, also
auch die Fliegen einbeziehenden Reichsschädlingsgesetz finden. Bis
dahin wird freilich noch manche Aufgabe — insbesondere die noch

15

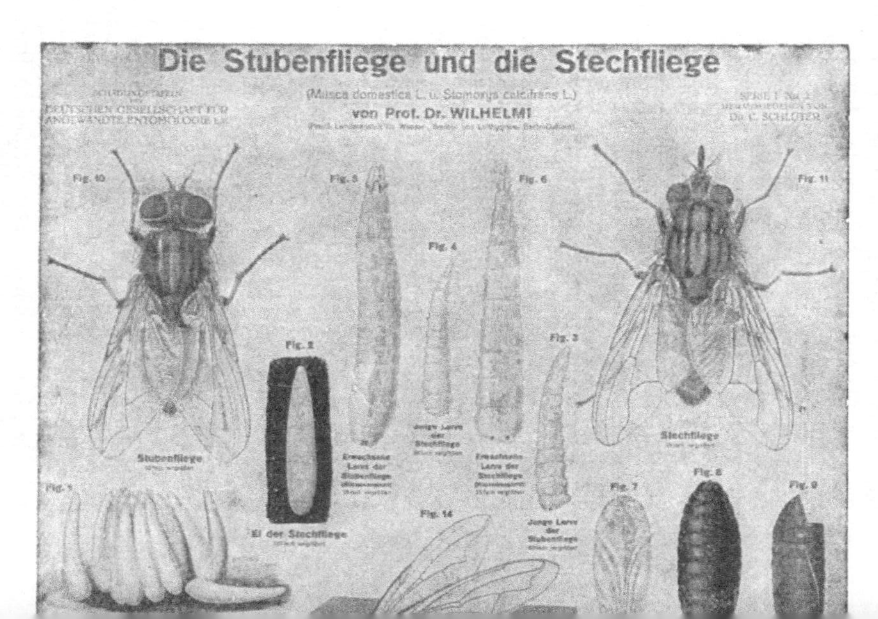

Die Stubenfliege und die Stechfliege
(Musca domestica L. u. Stomoxys calcitrans L.)
von Prof. Dr. WILHELMI
Fig. 10
Fig. 11
Fig. 5
Fig. 6
Fig. 4
Fig. 3
Fig. 2
Fig. 7
Fig. 8
Fig. 9
Fig. 14
Stubenfliege
Stechfliege
Ei der Stechfliege
Erwachsene Larve der Stubenfliege
Junge Larve der Stechfliege
Erwachsene Larve der Stechfliege
Junge Larve der Stubenfliege
Dr. C. SCHLOTER

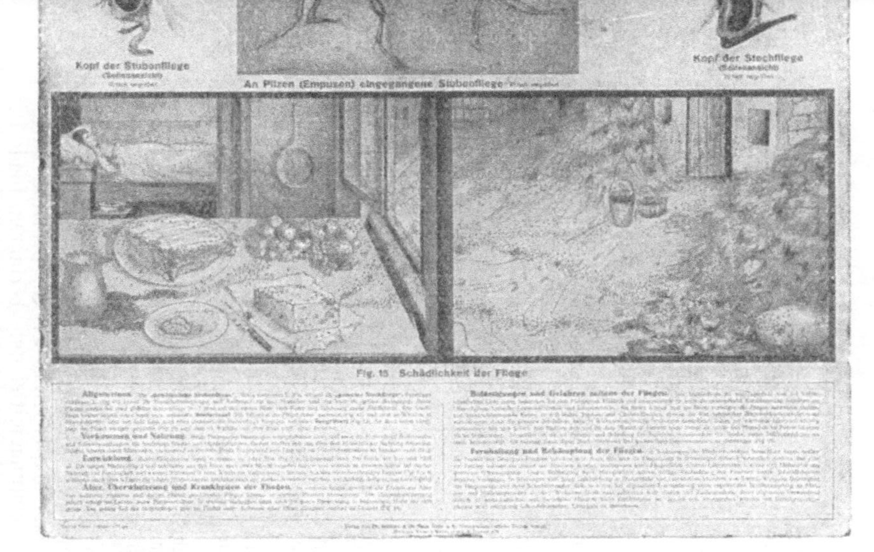

Fig. 15 Schädlichkeit der Fliege

Allgemeines.

Vorkommen und Nahrung.

Entwicklung.

Alter, Überwinterung und Krankheiten der Fliegen.

Schädigungen und Gefahren seitens der Fliegen.

Fernhaltung und Bekämpfung der Fliegen.

im argen liegenden Brutbekämpfungsverfahren (vgl. III, 4) —
zu lösen sein.

b) Die Wege des Vorgehens und die Wahl der Mittel und Verfahren

Bei der Durchführung der Fliegenbekämpfung kommen, wie bei der Stechmückenbekämpfung, drei Wege in Frage:

1. Auf Grund einer Polizeiverordnung werden die Brutstätten von staatlichen oder städtischen Beauftragten regelmäßig zur Brutvernichtung behandelt und für Wohnräume und Stallungen werden Verfahren der Fliegenvernichtung für die Besitzer bzw. Inhaber der Räumlichkeiten vorgeschrieben und bei mangelnder Durchführung durch beauftragte Kontrolleure auf Kosten der Besitzer durchgeführt.

2. Die Verfahren der Vernichtung der Fliegen und ihrer Brut werden polizeilich bei Strafe vorgeschrieben und die Durchführung wird seitens staatlicher bzw. städtischer Beauftragter durch Kontrollen überwacht.

3. Es werden nur Mittel und Verfahren zur Fliegen- und Brutvernichtung anempfohlen, und die Polizei schreitet nur durch (den einzelnen betreffende) Verfügungen in besonderen Fällen ein.

So wie die Verhältnisse liegen, dürfte zunächst nur der unter 3 angegebene Weg zu empfehlen sein. Wird dabei der gewünschte Erfolg nicht erzielt, so kann der unter 2 angeführte Weg beschritten werden. Der unter 1 angeführte Weg dürfte an der Personal- bzw. Kostenfrage scheitern.

c) Aufklärung und Propaganda

Welcher Weg auch gewählt werden mag, so kann die Aufklärung und Propaganda nicht entbehrt werden. Gutachtliche Äußerungen über die Ursachen von Fliegenplagen und die Maßnahmen zur Bekämpfung werden durch staatliche Institute, für Preußen insbesondere durch die unmittelbar dem Preußischen Ministerium für Volkswohlfahrt nachgeordnete Pr. Landesanstalt für Wasser-, Boden- und Lufthygiene, Berlin-Dahlem, erstattet, welch letztere das Gebiet auch in Verbindung mit dem Verein für Wasser-, Boden- und Lufthygiene, E. V., praktisch durch Prüfung der Fliegenbekämpfungsmittel und -verfahren, sowie in wissenschaftlicher Hinsicht in Verbindung mit der Notgemein-

18

schaft der Deutschen Wissenschaften bearbeitet. Zur Aufklärung
und Belehrung in öffentlichen Gebäuden usw. steht die bereits erwähnte Tafel, die hier in stark verkleinertem Maßstab wiedergegeben ist, zur Verfügung, insbesondere auch für Lehrzwecke, auch
in Schulen, bei Vorträgen usw. Alles einschlägige Material zur
Bekämpfung der Fliegen ist in der Schausammlung der erwähnten Landesanstalt zusammengestellt. Eine Diapositiv-Serie be-
treffend hygienische Bedeutung der Fliegen und ihre Bekämpfung
wird unter Mitwirkung der Preußischen Landesanstalt und
anderer wissenschaftlicher Institute vom Deutschen Hygiene-
Museum in Dresden herausgegeben. Wenn nun in diesem Jahre
der Reichsausschuß für hygienische Volksbelehrung (Berlin, Lui-
senplatz 2—4) unter Mitwirkung des Reichsgesundheitsamtes,
des Deutschen Hygiene-Museums in Dresden und der Pr.
Landesanstalt für Wasser-, Boden- und Lufthygiene, Berlin-
Dahlem, Merkblätter und Flugschriften, Tafeln und Lichtbild-
material, Unterlagen für Vorträge, Fliegenfilm usw. zu dem zum
erstenmal vorgesehenen „Fliegenfeldzug" (15.—30. Juni 1927)
herausbringt und in einer ins einzelne gehenden, besonders die
ländlichen Verhältnisse berücksichtigenden Organisation herausbringt, so wird damit eine Aktion eingeleitet, von der man wohl
einigen praktischen Erfolg erwarten darf. Im wesentlichen wird
man aber in dem „Fliegenfeldzug" die Förderung des Verständ-
nisses für die Notwendigkeit der Fliegenbekämpfung und somit
die Ebenung des Weges zum erfolgreichen Vorgehen sehen
müssen. Nicht zuletzt ist dabei daran zu denken, daß gerade auf
dem Lande die Aufklärung über die Rolle der Fliegen in gesund-
heitlicher Hinsicht überhaupt geeignet ist, bei der Landbevölke-
rung das Verständnis für die Hygiene zu wecken und zu fördern.

2. Fernhaltungsmaßnahmen gegen Fliegen

Mit recht gutem Erfolg kann in der Stadt und auf dem Lande
eine einfache Fernhaltungsmaßnahme in Wohnungen angewandt
werden, nämlich die Fenster so lange geschlossen zu halten, als
die Sonne auf der betreffenden Seite liegt. Empfehlenswert ist
die Anbringung von Drahtgaze-Fenstern, insbesondere in Küchen.
Blaue Fenster, wie sie zuweilen bei Stallungen angebracht werden, haben meist keine befriedigende Wirkung. Räume, in denen
die Fliegen keine genügende Nahrung (Brotkrumen vom Essen
usw.) finden, sind von Fliegen weniger begehrt. Windzug durch

19

Ventilatoren und Ozonanlagen können namentlich in Lebens=
mittelgeschäften mit gutem Erfolg angewandt werden. Die schon
weiter oben erwähnte Neigung der Stubenfliege, den Menschen
zu belästigen, wird besonders bei denen, die ein Mittagsschläfchen
halten, unangenehm empfunden. Wer sich einen schwarzen Fen=
stervorhang, der die völlige Verdunkelung eines Zimmers er=
möglicht, angelegt, kann — unter Nutzung der oben erwähn=
ten Flugunfähigkeit der Fliegen im Dunkeln — ungestört
Mittagschlaf halten, ohne an die König Jakob von Eng=
land zugeschriebenen Worte: „Ich habe drei Königreiche und du
findest in ihnen keinen anderen Platz als meine Nase" denken zu
müssen. Einreibungsmittel zur Fernhaltung der Fliegen von
Menschen und Nutztieren finden sich in Gestalt verschiedener
Präparate (Flüssigkeiten, Puder, Stifte usw.) im Handel, sind
aber meist von unzulänglicher bzw. kurzfristiger Wirkung.²) Das
Verhalten der Menschen zu Stichen der Stechfliegen ist in bezug
auf Schmerzwirkung, Quaddelbildung usw. individuell ver=
schieden. An Stichen soll man nicht jucken (um sekundäre Infek=
tionen zu vermeiden), nach Möglichkeit Betupfung mit neutraler
Seife oder Ammoniak, Menthol=Puder oder einem Antiseptikum
vornehmen. Zahlreiche Linderungsmittel (Wilhelmi 1926, ₃) sind
im Handel, darunter auch essigsaure Tonerde enthaltende Prä=
parate.³) In der Küche sollen alle Nahrungsmittel, insbesondere
die von Fliegen sehr begehrte Milch verdeckt oder nach Möglich=
keit im dunklen, kühlen Keller gehalten werden. Der Fliegen=
schrank dient der Fernhaltung zahlreicher Fliegenarten von Nah=
rungsmitteln. Schwieriger jedoch ist die Fernhaltung der Fliegen
von den Müllkästen im Hofe, deren einwöchige Abholung

---

²) Kampfer=Öl; Naphthalin=Öl bzw. Salbe (10%); Eukalyptus=
Öl; Nitrobenzol mit Öl; Oleum animale foetidum (für Vieh);
Pyridin=Lösung (10%); Mentholpuder; ferner an fertigen Prä=
paraten: Schutzcreme gegen Insektenstiche (Liqu. alum. acet.,
Extr. Flor. Chrys., Anisol, Ol. Foeniculi; Ol. Eucalypti) Merz
& Co., Frankfurt a. M., Eckenheimer Landstr. 100/04; ferner für
Vieh: Antilaban in Dosen gegen Stechfliegen und Bremsen,
Etler & Co., Frankfurt a. M., Linnéestr. 25.
³) Fliegenstichcreme Nr. 7 (Liqu. alum. acet., Borax), Merz
& Co., Frankfurt a. M., Eckenheimer Landstraße 100—104. —
Kombella, Mückensalbe in Tuben, Kombella=Fabriken, Dresden
und Bodenbach.

20

bringend erwünscht wäre. Die sich nun auch in kleineren Städten
einführende Kanalisation muß als wirksame Brutstättenentziehung anerkannt werden. Die Schlammplätze mancher Kläranlagen bieten nur gewissen, die menschlichen Wohnungen aber eher
meidenden Fliegen (Scatophagiden u. a.) Brutplätze.

3. Die Bekämpfung der Vollkerfe (Imaginalbekämpfung)

Von vornherein zu bemerken ist, daß von Anwendung eines
einzelnen Verfahrens nie ein voller Erfolg zu erwarten ist. Vielmehr ist immer Kombination von Verfahren der
Vollkerf- und Brutbekämpfung ohne Vernachlässigung von sog.
Hilfsverfahren geboten.

a) Sommerbekämpfung der Vollkerfe

Die Nutzung der (oben erwähnten) natürlichen Feinde
kann in gewissem Maße durch Förderung des schon aus ästhetischen Gründen der Pflege werten Vogelschutzes erfolgen. Alle
biologischen Verfahren der Bekämpfung haben jedoch bei optimalen Ernährungsverhältnissen der Schädlinge erfahrungsgemäß unzulängliche Wirkung, sollten aber — wie z. B. der Vogelschutz — nach Möglichkeit Beachtung finden. Versuche, die schon
erwähnten Erreger der sogenannten Herbstseuche der Fliegen zur
Bekämpfung zu nutzen, sind bisher gescheitert.

Von mechanischen bzw. physikalischen Verfahren sind die Fliegenklatsche, Klebstoffe (Rollen,
Ruten) und Fliegengläser nicht zu verachten. Elektrische Abtötungsapparate sind bisher noch nicht in brauchbarer Form auf
den Markt gekommen. Für Stallungen lassen sich unter bestimmten Verhältnissen zur Beseitigung der Fliegen mit
gutem Erfolg elektrische Staubsauger verwenden. Besonders
eignen sich dazu die tragbaren Staubsauger, wie „Elektrolux" (Elektrolux G. m. b. H.) und „Säugling" (Borsig
Werke), von denen letzterer mit Zusatzgerät für Fliegenfang versehen ist. Von der Santo-G. m. b. H., Berlin, ist der „Vampyr"
in tragbarer Form und als Spezialkonstruktion für Fliegen-
und Mückenfang herausgebracht worden. Die Verwendung der
Staubsauger ist nur dann geboten, wenn die Fliegen am Abend
oder in der Nacht im Ruhezustand sind, bzw. wenn die Fliegen
bei kühler Witterung am Morgen — bei weit geöffneten Stalltüren — in einer Art Starrezustand sind. Solche einen Starrezu

stand bedingende Temperaturen von +9° C und weniger sind in
den Morgenstunden im Herbst häufig, kommen aber auch im
Sommer vor.

Von hervorragender Wirkung in Wohnräumen und Stallun=
gen sind eine Reihe chemischer Verfahren, und zwar die
der Pulververstäubung und Flüssigkeitverspritzung mittels be=
sonderer Apparaturen. An erster Stelle ist hier die Verstäu=
bung von Pyrethrumpräparaten (feingemahlene
Flores chrysanthemi) — landläufig als Insektenpulver bezeich=
net — zu nennen. Diese Pyrethrumpräparate sind in recht verschie=
benen Qualitäten im Handel. Als gut wirkend sind die von der
Pr. Landesanstalt geprüften, bzw. unter ihrer ständigen bio=
logischen Kontrolle stehenden Präparate „Pereat" [4]), „Blat=
ton" [5]) und „Noxin" [6]) zu nennen, doch sind zweifellos auch unter
anderen im Handel befindlichen Präparaten brauchbare vorhan=
den. Die Anwendung der Pyrethrumpulver erfolgt wie bei der
winterlichen Stechmückenbekämpfung. Bei geschlossenen Fenstern
und Türen werden pro cbm Luftraum etwa ½ bis ⅓ g Pulver
mit einem besonderen Verstäuber (vgl. Anm. 5) nach der Decke
hin verstäubt. Das in der Luft ziemlich lange in Schwebe blei=
bende Pulver gibt seine ätherischen Öle an die Luft ab und be=
wirkt in etwa ½ Stunde das Absterben der Fliegen. Das Ver=
fahren kann auch in Wohnräumen, Speisesälen usw. angewandt
werden.

Eine weiter im wesentlichen für Stallungen zu empfehlende
Methode ist die nebelförmige Verstäubung von wirksamen Flüs=
sigkeiten mittels besonderer Spritz=Apparaturen. Als wirksame
Stoffe werden dabei besonders Petrolraffinate wie „Flit", Sa=
prit u. a. verwandt, die von den unten angegebenen Herstellern [7])

---

[4]) „Pereat", auch in kleinen Pappspritzdosen, J. D. Riedel
A.=G., Berlin=Britz; auch in Drogerien.

[5]) „Blatton", D. Desinfektions=Dienst, K. Stegemann, Berlin=
Lichterfelde, Gélieustr. 2; zugleich Vertrieb der Pulverzerstäuber
(Preis, je nach Ausführung, 5—9 M.) und einer Spritze für
Flüssigkeiten (Preis etwa 28 RM.).

[6]) „Noxin", D. Desinfektions=Bedarfs=A.=G., Berlin=Weißen=
see, Lehder Str. 74—79; auch Vertrieb einer Spritze für Flüssig=
keiten (Preis etwa 25—30 RM.).

[7]) a) Ridsspritze, Firma Daan & Co., Sandport, Holland;
b) Spritze der Firma Hermann Krüger, Berlin S 59, Hasen=

der Spritzen geliefert werden. Die Wirkungszeit dieser verstäub=
ten Flüssigkeiten ist wohl noch kürzr als die der Pyrethrum=
pulver, doch ist bei einzelnen Präparaten Aufkehren der zu

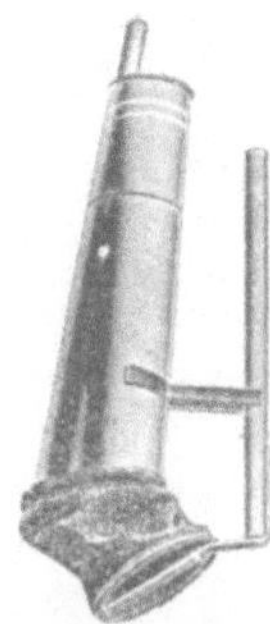

Abb. 1 **Pulververstäuber, etwa** $^1/_{10}$
nat. Größe (vergl. Anm. 5)

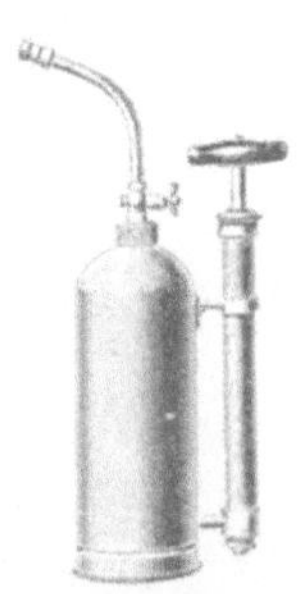

Abb. 3 **Selbsttätige 2 · l · Spritze**
(vergl. Anm. 5)

Boden gefallenen Fliegen notwendig, da gegebenenfalls Wieder=
erholung derselben eintritt. Soweit die Präparate Petrolraffinate
als Grundlage haben, besteht, wie erwähnt sei, eine gewisse
Feuergefährlichkeit. Spritzen einfachster Konstruktion vom Typ
der Blumenspritzen, mit Handbetrieb, im Preise von 2 bis
3.50 RM., sind in der Abb. 2a—e, wiedergegeben. Haltbarere
Spritzen, selbsttätig, 2 l fassend, sind in verschiedener Form im
Handel (vgl. Abb. 3 und Anm. 5 und 6). Gleich diesem stabileren
Spritzentyp kommen namentlich für Großstallungen die in der
Pflanzenschädlingsbekämpfung gebräuchlichen und teuren, auf dem
Rücken tragbaren Spritzen (Anm. 8 und 9) in Betracht.

Von Fraß = Giften ist an erster Stelle das Formalin
(Formaldehyd 35— 40%), das in Drogerien und Apotheken käuf=
lich ist, als wirksames Mittel zu nennen. Formalin, Milch= oder

---

heide 5; c) Flitspritze der Deutsch=amerik. Petroleum=Ges., Ham=
burg 36; d) Whiffspritze der Cantasilva G. m. b. H., Leipzig=
Leutzsch; e) Boh=No=Spritze der Firma Grüneberg & Dullien,
Berlin N 4, Chausseestraße 6.

8) Maschinenfabrik L. Platz, Ludwigshafen.

9) Gebr. Holder, Metzingen (Württ.).

Bierresten in flachen Schalen im Mengenverhältnis von etwa
1:10 zugesetzt, wird von den Stubenfliegen (nicht Stechfliegen der
Stallungen) gern genommen, wenn nicht andere flüssige Nah

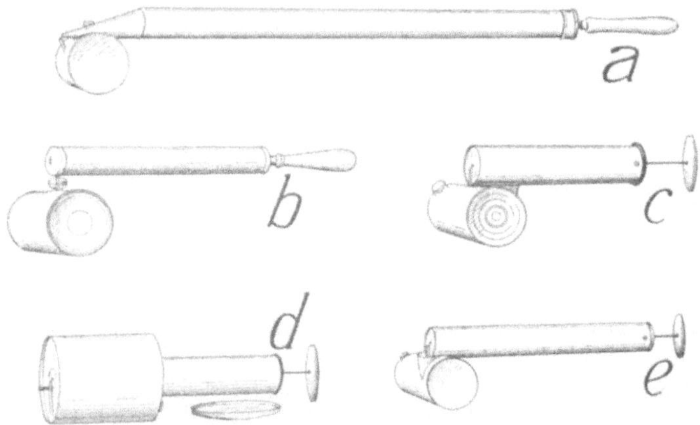

Abb. 2 Verstäubungsspritzen mit Handbetrieb (Hersteller vergl. Anm. 7)

rung überreichlich zur Verfügung steht. Wünschenswert wäre
der Vertrieb von wasserlöslichen gefärbten zuckerhaltigen For=
malintabletten. Von anderen chemischen Fraßgiften sind die arse=
nige Säure bzw. Schweinfurtergrün enthaltenen Fliegenteller
und Fliegenpapiere zu nennen, die jedoch in Haushalten mit
Kindern gewisse Vorsicht erfordern. Weitere im Handel befind=
liche mehr oder weniger wirksame Fraßgifte (Wilhelmi 1926, 3)
können hier nicht aufgeführt werden.

b) **Winterbekämpfung der Fliegenvollkerfe**

Die sogenannte Winterfliege, d. h. die in Wohnungen schein=
bar nur als einziges Exemplar überwintert, wird — da es im
Volksmund heißt, solange noch eine Fliege in der Wohnung sei,
sei auch noch Brot vorhanden — zu Unrecht geschont. Meist han=
delt es sich auch gar nicht um nur ein Exemplar, sondern um
eine ganze Reihe. In den immer warmen Restaurants sind meist
den ganzen Winter über Fliegen in einigen Mengen zu beobach=

24

ten. Diese sogenannte Winterfliege zu erfassen — meist genügt totschlagen, doch kann auch Formalin (f. o.) oder Fliegenpapier (f. o.) ausgelegt werden — ist recht wesentlich. Das gilt auch besonders für warme Stallungen, in welchen die Entwicklung der Fliegen in beschränktem Maße regulär fortgehen kann. Je weniger Fliegenvölkerfe im ersten Frühjahr mit dem Brutgeschäft einsetzen, um so später erfolgt die Massenentwicklung.

4. Brutbekämpfung

Den Wert der Fernhaltung der Fliegen von ihren Brutplätzen erwähnten wir bereits (vgl. III, 2); bei manchen Arten wie den Käse= und Fleischfliegen (Fliegenschränke, bei Stuben= u. a. Fliegen bezüglich Müllkästen) ist diese Maßnahme mehr hinsichtlich Sauberkeit bzw. Nahrungsmittelhygiene von Bedeutung.

Im übrigen haben wir bei der Brutbekämpfung wiederum zwischen biologischen, mechanischen bzw. physikalischen und chemischen Verfahren zu unterscheiden.

Die biologischen Verfahren, d. h. die Nutzung der Feinde (vgl. II, c) bieten einstweilen keine Aussicht auf Erfolg. Der Fliegenbrut feindliche Tiere, oder parasitäre bzw. Infektionskrankheiten hervorrufende Organismen zu pflegen bzw. kultivieren, erscheint zur Zeit nicht erfolgversprechend.

Von den mechanisch=physikalischen Verfahren scheidet das Trocknen des Mistes an der Sonne aus. Von recht guter Wirkung kann die hohe Wärme erzeugende Packung des Mistes sein. Die sog. biothermische Methode, nach der frischer bruthaltiger Mist in das Innere von schon in Zersetzung begriffenen Mistes versenkt wird und durch Wärme die Abtötung der Brut bewirkt wird, läßt sich (nach Roubaud 1915, v. Schuckmann 1923,₁) auch praktisch mit gutem Erfolg anwenden. Wie sich das gegenwärtig manchenorts zur Einführung kommende Gärstättenverfahren auswirken wird, steht noch dahin. Für das Stadtgebiet ist die regelmäßige, nach Möglichkeit wöchentliche Beseitigung aller als Brutstätte dienenden Abfallstoffe (Müll, Dung usw.) wünschenswert und sollte, soweit in dieser Hinsicht Mängel bestehen, zu polizeilichem Eingreifen Veranlassung geben (vgl. III, 1, a). Auf den Müllplätzen ist möglichst schnelle „Beerdigung" des Mülls", d. h. eine ständig fortschreitende Überschichtung des Mülls mit einer wenig=

ſtens 30 cm hohen Erdſchicht von Vorteil (Wilhelmi 1922,2). Von
gutem Erfolg für die Beſeitigung der Fliegen, deren Brut ſich
in Fleiſch=, Fiſch= und Käſereſten auf Müllplätzen entwickelt, iſt
auch die Ködermethode. In mit großen Drahtgittern ver=
ſchloſſenen Eimern ausgelegte Fleiſch= uſw. Köder werden von den
genannten Fliegenarten gern zur Eiablage benutzt. Die mit
Fliegenbrut durchſetzten Köder ſind dann wöchentlich durch Ver=
graben zu beſeitigen (Wilhelmi 1922,2).

Von weſentlicher Bedeutung, aber noch nicht zu voller prak=
tiſcher Verwendbarkeit entwickelt, ſind die chemiſchen Ver=
fahren der Brutbekämpfung. Hier muß grundſätzlich zwiſchen
den landwirtſchaftlich im weſentlichen nutzloſen Abfallſtoffen und
dem Dünger (Miſt) unterſchieden werden, doch kann zunächſt für
beide Brutſtätten noch vermerkt werden, daß der in der Litera=
tur bis in die Gegenwart meiſt beſonders empfohlene Chlorkalk
unwirkſam iſt (Wilhelmi 1919, 1922,2; v. Schuckmann 1923,1).

Die ſchnelle Entfernung des Mülls aus den Höfen bzw. aus
dem Stadtbereich erwähnten wir bereits als notwendig. Iſt ſie
nicht möglich, ſo können dem Müll verſchiedene bruttötende Zu=
ſätze, insbeſondere Kalkmilch (ſ. u.), gegeben werden.

Auf den Müllplätzen ſelbſt kann, ſofern bezüglich der
Fleiſchfliegen dem oben erwähnten Köder= und Beerdigungsver=
fahren Rechnung getragen wird, auch erfolgreich die Behandlung
mit Kalkhydrat (gelöſchtem Kalk) vorgenommen werden.
Dem Müll iſt breiige Kalkmilch (Wilhelmi 1919), gegebenenfalls
unter Zuſatz 5prozentiger Kreoſolſeifenlöſung (v. Schuckmann
1923,1), beizumengen; das im Laboratoriumsverſuch als ausrei=
chend erwieſene Mengenverhältnis des gelöſchten Kalkes zum
Müll (1:320) iſt für die Praxis wegen der geringeren Durch=
miſchungsmöglichkeit nicht ausreichend. Auch Natriumtetraborat
(Borax), das ſich im Laboratoriumsverſuch im Mengenverhältnis
1:320 noch wirkſam zeigt, iſt zu empfehlen, ferner Phenole
bzw. Kreoſolſeifenlöſungen (z. B. Kremulſion, Nördlinger=Flörs=
heim). Schwieriger erſcheint die chemiſche Behandlung
des Miſtes zur Brutbekämpfung. Verwendung des Kalkes,
wie oben für Müll beſchrieben, bedingt für Dünger Ammoniak=
verluſte, deren Verhütung durch ſtickſtoffbindende Zuſätze noch
nicht befriedigend ſichergeſtellt iſt. Auch die Verwendung einzel=
ner Stoffe der Kali=Induſtrie (Wilhelmi 1919) mit Zuſatz be=
ſonders wirkſamer Stoffe wie Borax, Schweinfurtergrün u. a. m.
erſcheint nicht ausſichtslos, iſt aber zur Zeit nicht ſpruchreif.

26

Hier sind noch eingehende Untersuchungen nötig. Ziel dieser Untersuchungen muß weiterhin sein, Mittel verschiedener Zusammensetzung zu finden, die nicht nur wirksam und billig sind, sondern auch den Düngerwert des Mistes nicht schädigen, den Pflanzenbau eher fördern als benachteiligen und hygienisch unbedenklich sind. Ist es gelungen, indifferente Mittel sowie solche, welche der Konservierung des Mistes dienen, und solche, welche dem Kalk- oder Kalibedürfnis des Bodens oder der Kulturen Rechnung tragen, zu finden, so wird auch die Möglichkeit bestehen, von allen Produzenten der Abfallstoffe (Müll, Mist) den Nachweis des zur Fliegenbrutbekämpfung erfolgten Verbrauches bestimmter Mengen von Mitteln, die zur Wahl stehen, zu verlangen. Einstweilen dürfte man bei der Mistbehandlung jedoch im wesentlichen auf das angegebene Behelfsverfahren angewiesen sein.

IV. Literaturübersicht

1862,4. Schiner, J. R., Fauna Austriaca. Die Fliegen (Diptera). Wien.

1907. Grünberg, K., Die blutsaugenden Dipteren. G. Fischer, Jena, 188 S.

1914. Hewitt, C. G., The house-fly, Musca domestica L., usw. Cambridge, Zool. Ser. Univ. Press.

1915. Roubaub, E., Etudes biologiques sur la mouche domestique. C. rend. Soc. biol. V. 78, p. 615.

1917,1. Wilhelmi, J., Übersicht über unsere Kenntnisse von Stom. calc. als Überträger usw., Hyg. Rundschau H. 14/15, S. 465—471, 501—508. (Sammelreferat.)

,2. Wilhelmi, J., Die gem. Stechfliege (Monographie) P. Parey, Berlin, 110 S.

1919. Wilhelmi, J., Versuche zur Bekämpfung der im Kot usw. lebenden Muszidenbrut usw. Mit der Preußischen Landesanstalt für Wasserhygiene, H. 25, S. 190 bis 273.

1922,1. Kuhn, Ph., Untersuchungen über die Fliegenplage in Deutschland. Zentralbl. f. Bakt. u. P., Abt. I, Orig., Bd. 71, S. 378.

1922,2. Wilhelmi, J., Zur Bekämpfung der Fliegenplage auf Müllplätzen. Veröff. a. d. Geb. d. Med. Verw., H. 169, Berlin, 33 S.

1923,1. Schuckmann, W. v., Über Mittel zur Fliegenbekämpfung, Zeitschr. f. ang. Entom., B. 9, S. 82—104.

,2. Martini, E., Handbuch der med. Entomologie. G. Fischer, Jena.

,3. Wilhelmi, J., Die gew. Stubenfliege und die gem. Stechfliege (Tafel). Herausgeg. v. d. D. Ges. f. ang. Ent., E. V., P. Räth, Leipzig.

,4. Wilhelmi, Fliegenplage und Polizei. Pr. Verwaltungsblatt 1923, Bd. 44, S. 409—411.

1925. Enderlein, G., Diptera. In: Brohmer, Fauna von Deutschland. Quelle & Meyer, Leipzig.

1926,1. Schuckmann, W. v., über Fliegen, besonders ihre Rolle als Krankheitsüberträger und Krankheitserreger und über ihre Bekämpfung (Sammelbericht). Zentralbl. f. Bakt. u. P., Abt. I, Ref., Bd. 81, S. 481—505, 529—568.

,2. Wilhelmi, J., Grundfragen zur Fliegenplage und ihrer Bekämpfung. Arch. f. Hygiene 1926, S. 82—89.

,3. Wilhelmi, J., übersicht der d. Firmen zur Bekämpfung der Gesundheitsschädlinge, betr. Apparate, Mittel, Verfahren usw. Pr. Landesanstalt usw., Berlin-Dahlem, Beiheft 2 der Kl. Mitt., 100 S.

Merkblätter
unseres Verlages:

Gemeinverständliche Belehrung über die Krätze

Merkblatt gegen Kopfläuse

Ruhr=Merkblatt

Merkblatt zur Bekämpfung der Kleiderläuse

Merkblatt gegen Bartflechte

Merkblatt für Ruhr= und Typhusbazillenträger

Zur Massenverteilung durch Behörden geeignet

Probedrucke kostenlos

Verlagsanstalt Erich Deleiter
Dresden=A. 16

„Deleiters Gesundheitsbüchlein"

Preis jeder Nummer 20 Pf.

Bisher erschienen:

Nr. 1. „Die Tuberkulose, ihre Ursache und Bekämpfung" von o. ö. Prof. Dr. Bürgers (Düsseldorf).

Nr. 2. „Die Geschlechtskrankheiten" (Ausgabe für Frauen) von Dr. med. v. Pezold (Karlsruhe i. B.).

Nr. 3. „Die Geschlechtskrankheiten" (Ausgabe für Männer) von Dr. med. v. Pezold (Karlsruhe i. B.).

Nr. 4. „Zahn- und Mundpflege" (einschl. Schulzahnpflege) von Med.-Rat Dr. Matthias (Meißen).

Nr. 5/5a. Gesundheitsbüchlein von Med.-Rat Dr. Krause (M.-Gladbach). Doppelnummer.

Nr. 6. „Infektionskrankheiten und ihre Verhütung" von Stadtmedizinalrat Dr. Fischer-Defoy (Frankfurt a. M.).

Nr. 7. „Die Kleidung" von Stadtmedizinalrat Dr. Fischer-Defoy (Frankfurt a. M.).

Nr. 8. „Wohnungsschäden und Wohnungshygiene" von Stadtmedizinalrat Dr. Fischer-Defoy (Frankfurt a. M.).

Nr. 9. „Rassenhygiene" von Stadtmedizinalrat Dr. Fischer-Defoy (Frankfurt a. M.).

Nr. 10. „Alkoholismus" von Medizinalrat Dr. Kommerell (Cannstatt).

Nr. 11. „Hygiene der Arbeit" von Gewerbe-Med.-Rat Dr. Betke (Wiesbaden).

Nr. 12. „Preiswerte und ausreichende Ernährung" von Dr. med. Viktor Hähnlein (Dresden).

Nr. 13. „Augenhygiene" von Dr. med. Geis (Dresden).

Nr. 14. „Säuglingsbüchlein" von Stadtarzt Dr. med. Schlechtinger (Halle a. S.).

Nr. 15/16. „Unfallverhütung in gewerblichen Betrieben" von Gewerberat Rohde (Berlin).

Nr. 17. „Schulgesundheitsbüchlein" v. Stadtschularzt Dr. med. Kastner (Dresden).

Druckerei Wilhelm Limpert, Dresden-A. 1